This Is Chemistry
这就是化学
ELEMENTARY AND SUBSTANCES 单质和 COMPOUNDS 化合物 ③

米莱童书 著 / 绘

四川教育出版社

推荐序

　　非常高兴向各位家长和小朋友们推荐《这就是化学》科普丛书。这是一套有趣的化学漫画书，它不同于传统的化学教材，而是用孩子们乐于接受的漫画形式来普及化学知识。这套丛书通过生动的画面、有趣的故事，结合贴近日常生活的场景，深入浅出，寓教于乐，在轻松、愉悦的氛围中传授知识。这不仅能够帮助孩子初步认识化学，还能引导他们关注身边的化学现象，培养对化学的浓厚兴趣。

　　化学是一个美丽的学科。世界万物都是由化学元素组成的。化学有奇妙的反应，有惊人的力量，它看似平淡无奇，却在能源、材料、医药、信息、环境和生命科学等研究领域发挥着其他学科不可替代的作用。学习化学是一个神奇且充满乐趣的过程：你会发现这个世界每时每刻都在发生奇妙的化学变化，万事万物都离不开化学。世界上的各种变化不是杂乱无章的，而是有其内在的规律，都被各种化学反应式在背后"操控"。学习化学就像是"探案"，有实验室里见证奇迹的过程，也有对实验结果的演算分析。

　　化学所涉及的知识与我们的日常生活息息相关，化学变化和化学反应在我们的身边随处可见。在这套科普绘本里，作者用新颖的形式带领孩子探究隐藏在身边的"化学世界"：铁钉为什么会生锈？苹果是如何变成苹果醋的？蜡烛燃烧之后变成了什么？为什么洗洁精可以洗净油污？用什么东西可以除去水壶里的水垢？……这些探究真相的过程，可以培养孩子学习化学知识的兴趣，也是提高科学素养的过程。

　　愿孩子们能从这套书中收获化学知识，更能收获快乐！

中国科学院院士，高分子化学、物理化学专家　李永舫

目 录

单质和化合物

现在你认识了元素，也知道了元素组成了世界万物。但在学习和研究化学的过程中，还需要了解一些不同类别的物质。

先来给它们各自画一张肖像。

了解物质

了解单质和化合物前，要先了解物质的分类，物质分为**纯净物**和**混合物**。

顾名思义，纯净物要纯净。

简单地说，就是由**同一种物质**组成。

比方说这块铁，它是由铁这一种物质组成的。

除了铁，它不含其他任何物质，所以是纯净物。

如果我们在这块铁中加点碳它就不再是纯净物了。

认识纯净物

物质是不是纯净物有时并不容易辨认，它们的名字可能还会欺骗你，比如**冰水混合物**。

关于这个问题，如果从微观的角度就可以很好地解释清楚啦！

别看热闹了，你来说！

从微观角度讲，纯净物是由**同一种微粒**构成的。

还记得我们吗？

你们还记得什么是微粒吗？

冰和水虽然看起来不一样，但它们都是由**水分子**构成的，自然就属于纯净物了。

原来是纯净物呀！

嘿！要辨别清楚可没那么简单，需要多学习、多思考才行。

当然了，冰块融化不就变成水了嘛，多简单呀！

什么是单质

现在你已经了解了纯净物，**单质**就是一种纯净物。

你说得对，兄弟。

快，该你上场啦！

别着急，要先整理好形象才行。

大家好，我是单质，是由**同一种元素**组成的纯净物。

比如，这个气球里的**氦气**，它是由氦元素组成的单质。

我们可以对单质进行简单的分类，像氦气这样的稀有气体单质，还有碳、硫、硅、磷等，都是**非金属单质**。

金、银、铜、铁等都是**金属单质**。

朋友们，这没什么稀奇的，不要挤。

石墨和金刚石都是单质，且都是由碳元素组成的。

同一种元素可能会构成几种单质。

什么是化合物

化合物和单质一样，都属于**纯净物**，不过它们截然不同。

化合物的特性与组成它的元素特性会有很大差别。

钠非常活泼，能够与许多物质发生反应。

而且作为一种金属，它可以像木柴一样燃烧。

氯元素你可能不太熟悉，它是一种非金属元素，同样也很活泼。

瞧，这个瓶子里装的是氯气，它是氯元素的单质。

它的颜色是黄绿色的，所以叫作氯气。

氯气是一种具有毒性的气体。

可是和钠结合成氯化钠后，却变成了食盐中的主要成分。

许多元素组合在一起变成化
合物后，会让你觉得非常神奇。

这就像变
魔术一样。

你们瞧，这三个瓶
子里装的是碳粉、
氧气和氢气。

当然了，氧气
和氢气你们可
能都看不到。

如果我们把以上物质中的碳
元素、氧元素、氢元素按照
12：11：22 的比例进行组合，
你猜它们会变成什么东西？

瞧！现在它们变成了一
种很甜很甜的化合物。

就是蔗糖。

我们平时吃的白糖、红糖、
冰糖里主要成分都是它。

有机物和无机物

化合物各不相同。

科学家把化合物分为两大类：**有机物**和**无机物**。

一般而言，有机物是含**碳元素**的化合物。

有机物都含有碳元素，但含碳元素的化合物却不一定是有机物。

从前，人们发现的**有机物**都是从生物体内分离出来的，所以人们认为有机物没办法人工合成。

有机物的意思是：来自生物体的化合物。

后来，有一位化学家人工合成了第一种有机物——**尿素**。

听这个名字你大概就能猜到，它和尿有关。

汗液中也含有少量的尿素。

此后，越来越多的有机物可以人工合成，"有机物"这个名字已经失去了最初的含义。但人们已经习惯了这个名称，就一直沿用了下来。

了解了有机物，再一起去认识**无机物**。

生活中的氧化物

木柴、煤炭、天然气燃烧后，也会生成氧化物。它们中的碳元素和空气中的氧元素结合，变成了二氧化碳。

二氧化碳是一种看不见的气体氧化物。

它的每个分子是由一个碳原子和两个氧原子构成的。

我们将空气中的氧气吸入。

人体内的糖类、蛋白质、脂肪等有机物与氧气反应，释放人体需要的能量。

同时，会产生大量的二氧化碳，被人体呼出。

二氧化碳虽然看不到，但我们每时每刻都在制造二氧化碳。

早期的时候，科学家对水的本质并不了解，认为水是一种元素。

后来，人们发现氢气在空气或氧气中燃烧能够生成水。但可惜受当时的错误观念束缚，他们没有认识到水的本质。

这个实验居然会产生水。

最终，科学家拉瓦锡通过实验得出了正确的结论，他认为水不是一种元素，而是一种氧化物。

电解水的实验和拉瓦锡的实验原理差不多。

将水电解后会形成氢气和氧气。

它们的体积之比是2：1，证明了水是由氢、氧两种元素按照2：1组成的一种氧化物。

从太空中看我们生活的地球，是一颗漂亮的蓝色星球。这是因为地球表面大部分被水覆盖。地球上如此多的水是从哪里来的呢？

有的科学家认为，在形成地球的物质中原本就含有水。

也有的科学家认为，地球形成的初期，时常发生火山喷发，将地球内部的水释放到大气中。大气中的水变成雨和雪落到地面，汇集成了江、河、湖、海。

还有的科学家认为，地球上的水来自地球外部。彗星和一些小行星中富含水，是地球上水的主要来源。

水是生命之源，有了水，才有了生命的诞生。

经历了亿万年的演化，生命离开了海洋，登上了陆地，甚至飞向天空……

但不论如何演变，生命都始终不离开水这种氧化物。

单质和化合物的转化

一种单质和一种化合物，可以形成新的单质和化合物。

把打磨光亮的铝条伸进硫酸铜溶液中，它们会发生怎样的变化？

它们会变成铜和硫酸铝溶液。

一种化合物可以变成新的单质和新的化合物。

这里装的是化合物氯酸钾和催化剂二氧化锰。

把它加热，会变成新的化合物氯化钾和单质氧气。

氧化铁和一氧化碳都是化合物。

它们在高温的条件下，会变成单质铁和化合物二氧化碳。

两种不同的化合物也可以形成新的单质和化合物。

总结

思考

你会回答下面的问题吗?

瓶子里的 ○代表氢原子，●代表氯原子，
○○代表氢气分子，●●代表氯气分子，
○●代表氯化氢分子。

哪个瓶子里是纯净物?　　哪个瓶子里是混合物?

哪个瓶子里是单质?　　　哪个瓶子里是化合物?

问答收纳盒

什么是单质?	单质是由同一种元素组成的纯净物。常见的单质有氧气、金刚石和金。
什么是化合物?	化合物是由两种或两种以上的元素组成的纯净物。常见的化合物有水和二氧化碳。
什么是纯净物?	纯净物是由一种单质或一种化合物组成的物质。
什么是混合物?	混合物是由两种或两种以上的物质混合而成的物质。合金就是混合物。
什么是有机物?	有机物指的是一类含碳元素的化合物,早期只能从生物体内获得。蔗糖就是一种有机物。
什么是无机物?	与有机物相对应的化合物,通常是指不含碳元素的化合物。食盐就是一种无机物。
什么是氧化物?	氧化物是由氧元素和另一种元素组成的化合物。水就是最常见的氧化物。
单质和化合物可以转化吗?	单质和化合物可以通过化学反应转化。

思考题答案

36 页　　金属单质:金;非金属单质:硫、氯气;有机物:蔗糖、尿素;无机物:水、氯化钠、二氧化碳。

37 页　　纯净物:1、2、3;混合物:4、5、6;单质:1、2;化合物:3。